U0006701

HIIT 後燃運動

鍛鍊5分鐘，24小時持續燒脂，瘦身不中斷

你可能不知道，離開健身房以後、睡覺時，
有些人的身體依然不停地燃燒熱量，持續瘦身！

門脇妃斗未
Hitomi KADOWAKI —— 著

給拿起這本書的你

十分感謝從為數眾多的書籍之中
拿起這本書

這本書我將介紹在我嘗試各式各樣的運動、瘦身法之後，
最快速、有效的方式。

我曾經試過很多瘦身法，
控制卡路里、控制血糖、減醣、單一食物、肌肉訓練、馬拉松……等，

但這些大部分都需要控制飲食，
越是努力越是覺得痛苦。

其中最有效果的是肌肉訓練，
肌肉訓練能打造漂亮的體態——這也是我曾經感到自卑之處，
靠著它，下半身肥胖、O型腿、扁屁屁都跟著改善了。

這次所介紹的HIIT瘦身法
在進行運動的同時，與重訓有著相同的效果，
運動之後，則和進行馬拉松及快走一樣，
是能持續燃燒脂肪的運動。

一直深受「怎麼樣也瘦不了」之苦的人
這次請一定要試試看！

HIIT
是控制心跳的運動。

是能讓你感動的運動！

希望改變我的人生的 HIIT，
也能讓你的人生閃閃發光。

門脇妃斗未

現在是人生最能好好吃飯的時刻！
可以像這樣快樂的動起來還是第一次！
我曾經既沒自信又充滿自卑感
現在，我卻能站在這裡！

Hitomi ♡ Kadowaki

Contents

怎麼都瘦不下來的人，
也能大量燃燒脂肪

HIIT 後燃運動

Chapter

1

專為女性打造
最快樂的訓練方法

HIIT

HIIT 瘦身是什麼？

我們已經
擁有
美好的身體

現在提到瘦身，我們就覺得應該非得限制什麼不可。只不過是吃了甜食就覺得像做了什麼錯事一樣感到自責，眼裡只看得見美好的體態，而否定自己的美。

但是，其實我們已經擁有了許多美好的事物，不要否定與隱藏，讓它們閃閃發亮是很重要的事喔！

我們生長的年代與環境，有時候會將你的好蒙蔽，或許你身邊的家人也可能否定你。

但我們不需要為這些感到失落，也不需要向朋友訴苦。因為，你已經很美麗了。

而讓這些閃閃發光的訣竅就是，發覺自己身邊的人的美麗之處喔。

不要擔心，你的身體沒有這麼柔弱
所以我們一定可以變強

平常不太運動，長期遠離運動，是不是不知道該如何開始才好呢？

因為如此，你可能體力不好、關節也不太好伸展吧。

但是不用擔心，從自己的程度慢慢開始吧！

如果是久未運動的話，可以從「走路」開始！試著慢慢地

提高膝蓋、加快腳步，只做這些就能讓心跳上升，身體感到暖和唷。

打造健康的身體就如同打造為了活下去，必要的身體一般，需要有強健的步伐。這些大家都知道的事，卻是知易行難。但如果有肌肉的話，就可以去想去的地方，也能得到自己想要的東西。並且能擁有消化、分解的能力，搬運的力

氣、使用營養素的能力，而這些，不鍛鍊就會衰退。

這本書所介紹的ＨＩＩＴ，就是在運動過程中能如同重訓一般增強鍛鍊肌肉，運動後還能持續燃燒脂肪的好方法喔！

變 成 容 易 燃 燒 脂 肪 的 身 體

HIIT 瘦身

這是為了想要有活力、緊緻、健康的美好體態的女性，所設計最棒且能開心實踐的訓練方法——它被稱為HIIT瘦身。這裡我將給告訴你推薦給女性運動新手的理由、有哪些規則和要怎麼動，訓練的訣竅，還有當努力實踐之後會有什麼好事等著你等等。

新手也OK！
專屬女性、在家裡隨時都能做的訓練

HIIT瘦身的英文為[High Intensity Interval Training]也就是短時間進行高強度運動與休息交錯的訓練。

HIIT瘦身是進行只有20秒的高強度運動。

這次，我設計了運動新手也能在家裡開始的課程，這個課程是即便常在運動的我也能感受卓越效果的運動呢。

所謂的高強度是指當全力奔跑、呼吸急促的狀態。雖然聽起來有點辛苦，但其實只有很短的時間。

HIIT 瘦身
也能推薦給鍛鍊新手的理由

理由  ①

不需要道具，在家裡隨時都能做
▶ 不需要在意別人的眼光，也省去化妝的麻煩
HIIT瘦身是簡單能做到、不需要道具的訓練法。在家裡可以利用喜歡的時間、或是突然想到時馬上進行鍛鍊。沒有化妝也沒關係，也不用擔心妝容崩壞。

理由 ②

一次只有5分鐘，運動時間很短
▶ 雖然討厭運動，但因為時間短所以可以努力看看
我將介紹6個HIIT瘦身課程，無論哪一個，都是一回合不到5分鐘的訓練，而這5分鐘包含運動及運動之間的休息時間。

理由 ③

這裡面的運動，每個都很簡單
▶ 即使是運動新手也能馬上記住跟著動
基本課程只有4個運動，控制在最小的次數，每個動作都很簡單，但卻是快速有效果的運動。

HIIT

HIIT 瘦身的
方法與原則

動20秒、休息20秒
一次不到5分鐘
就能有效得到成果

本書的HIIT瘦身是
鍛鍊目標的部位。
20秒運動與休息交替，間
歇式的運動。

1個課程有8個動作，
20秒運動與休息交替，間
記不得動作也不要著
急，慢慢地動起來吧！

3 ◄◄◄ *2* ◄◄◄ *1*

運 運 運

動 動 動

| 20秒 | | 20秒 | | 20秒 |

休息與接下來的動作準備
休息與接下來的動作準備
休息與接下來的動作準備

| 20秒 | | 20秒 | | 20秒 |

原則 1
盡全力運動

8個動作，每個各進行20秒。在這
20秒之中，儘可能盡全力運動。剛開
始可以照著自己的速度進行，當習慣
之後慢慢地加快速度。熟練者以最快
速及最大動作為目標。

※ 懷孕中，或是有懷孕可能的人
　請勿進行此運動。
※ 高血壓、心臟病患者
　請詢問醫師是否可以進行。
※ 感冒、發燒，或是身體不舒服時，
　請斟酌進行。
※ 當運動中感到不舒服或是疼痛，
　立刻停止。

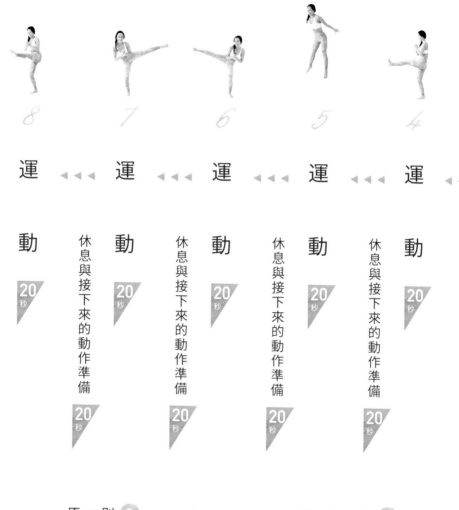

運 ◀◀◀ 運 ◀◀◀ 運 ◀◀◀ 運 ◀◀◀ 運 ◀◀◀

動

20 秒

動 休息與接下來的動作準備

20 秒

20 秒

動 休息與接下來的動作準備

20 秒

20 秒

動 休息與接下來的動作準備

20 秒

20 秒

動 休息與接下來的動作準備

20 秒

20 秒

原　則 ③

補充水分

20 秒全力運動之後是短暫的休息，在這休息的 20 秒準備下一個動作。並且不要忘記在休息及運動前後補充水分。

原　則 ②

大口吐氣

HIIT 瘦身是利用肌肉訓練的元素進行的運動。當踢腿、身體彎曲時往往會有力氣耗盡、呼吸卡住的感覺，這時要有意識凹陷腹部，大口吐氣。

HIIT

HIIT 瘦身的愉悅效果

效果 ① 在運動中能增強鍛鍊肌肉

跑步和走路等有氧運動，想要達到有效的運動效果所需要的心跳數為最大心跳數的 60％～80％，這是可以稍微長時間活動的心跳數，主要會消耗身體熱量與燃燒脂肪。

但是只有做有氧運動，並沒有辦法鍛鍊到肌肉。

HIIT 等無氧運動，在進行運動的短時間內，會達到最大心跳數的 80％～90％，這是會氣喘吁吁，覺得呼吸有點困難的心跳數。

當心跳數超過 70％～80％時就需要使用肌肉，

並會消耗身體熱量與糖分。

長時間進行嚴峻的肌肉訓練，這樣的無氧運動並不簡單，但是，像 HIIT 這樣短時間重複的運動，即使是運動新手也能持續進行無氧運動並且能夠鍛鍊肌肉。

運動後，持續燃燒脂肪24小時

運動後身體需要比平常所需要更多氧氣的狀況，稱為EPOC（Excess Post-exercise Oxygen Consumption）。

HIIT在運動過程中能夠刺激鍛鍊肌肉，運動後則可以燃燒脂肪。

無氧運動在鍛鍊肌肉後，身體在與強力的負荷對抗的過程中，因為會刺激傷害到肌肉而開始進行修復。

這個修復到原本狀態的過程，身體會取得氧氣工作，因此氧氣的供應量也會變高。

因此就算只是普通的活動，也會像跑步、快走等有氧運動後一樣持續燃燒脂肪。

這種EPOC的效果可以持續24小時，運動強度越強，脂肪的燃燒時間越長，即使是運動新手，運動後也能持續燃燒脂肪。

HIIT

HIIT 瘦身的
愉悅效果

容易形成橘皮組織的部分，如大腿內側等，大多是脂肪容易囤積、肌肉容易萎縮的地方。

不過，自從開始HIIT之後，大腿的橘皮變得不明顯，手臂也可以環扣得住身體，皮膚也如少女般柔嫩。

以前我的手臂無法環扣住身體，大腿還有整塊橘皮，我試過對橘皮組織有效的按摩器、美容SPA、邊調整溫度邊淋浴……等許多方法，但不管哪個都沒什麼效果。

腹部周邊的皮下脂肪跟著消失，腹肌變得清晰可見。

HIIT的魅力就在於它的速效性，效果可以立馬展現是我喜歡它的原因之一。

效果 ④ 呼吸不僅變深，也能調理自律神經

平常我們視之理所當然的呼吸，實際上與瘦身有十分密切的關係。

容易有肥胖、睡眠障礙、無法解除疲憊、不安、經前症候群等問題產生。

運動的時候，有意識的凹陷腹部、大力吐氣是HIIT瘦身的原則之一。

做HIIT瘦身後，心肺機能增強、呼吸也會跟著變深。

大力吐氣讓內臟緊縮，腹部也從內側縮起，讓空氣大量進入，伸展背脊、打開胸腔，保持這個姿勢試看看吧！

徹底運動後的身體，自然變成休眠模式，也調理了自律神經。

呼吸和自律神經也有很緊密的關係。當心情焦慮的時候，呼吸自然短淺，而一直持續這樣的狀態，

效果 ⑤ 變成吃東西也能瘦的體質

像全力奔跑這樣維持最大心跳數的運動，一般來說光是持續2～3分鐘就覺得很吃力。

而在短時間重複進行無氧運動的HIIT瘦身，一個課程進行2回合的話，就是在10分鐘內進行5分鐘以上的無氧運動。

進行無氧運動可以強化心肺功能。讓心臟到身體的末端，血液、氧氣和營養輸送能力變強。

這也能讓基礎體溫上升、強化免疫力、打造不容易疲憊的身體。

而在強化心肺功能後，因為基礎代謝量的提升，轉變成吃東西也能瘦的體質。

Column .1

「不擅長運動的我也能做得到嗎？」

　　即使是不擅長運動的人也不用擔心。每個人在開始自己不擅長的事物時都不會覺得簡單，對吧。不知道自己有沒有做對、是不是有效果，邊做運動邊感到不安。但是啊，對剛開始運動的人來說，沒有一個運動是白做工的，靠著平常沒有在做的動作活化運動神經，也使用到相關的肌肉，漸漸地也能掌控肌肉。

　　我們每天都在自然地進行運動喔！站起、坐下，這些理所當然的動作也是運動的一部分。只是身體對於一直在進行的動作已經習慣了，想要讓身體產生強烈的變化就需要增加負荷。這個負荷是指做比平常一直在做的動作再強一點，讓呼吸變快的運動。如果以前沒有運動習慣的話，會對身體產生很大的負擔，所以照著自己的速度來就好。首先先站起來，試著做一個動作，如果做得來就動起來看看，不用在意次數與速度，願意開始就已經很棒囉！

　　平常沒有運動的話，只是一點點的運動對身體也是很大的負荷。當負荷變大時，身體為了與之對抗會跟著變強、體態也會產生美妙的變化，首先就讓我們來站起來和平常沒有使用的肌肉打聲招呼吧！

Chapter

2

基本的　脂肪燃燒課程

HIIT

基本的脂肪燃燒課程 HIIT

基本的脂肪燃燒課程，是指之後要進行的運動的基本動作。

這個動作是所有課程裡的基本動作，請牢牢記住。

棒式為基本加強的動作，靠 1 個動作就能同時強化 2、3 個地方。

將基本課程裡的動作做到專精，是讓 HIIT 變厲害的要訣之一。

深蹲的重點在於：膝蓋彎曲時不要超過腳尖，臀部像是往後坐在椅子上一般，腰部向下，彎曲股關節等。

棒式是鍛鍊體幹的基本動作，腰部彎曲、腹部不要放鬆是動作的關鍵。

之後各部位的課程，有以

首先從基本動作學起！

這 4 個動作，可以讓全身放鬆，並能鍛鍊多處肌肉。不論是哪個運動，動作都很簡單。首先，一個一個掌握正確的姿勢與動作吧。

基本動作 **1**
深　蹲

基本動作 **2**
棒　式

基本動作 **3**
跳　躍

基本動作 **4**
桌 面 式
伸　　展

1回約5分鐘

到了後半段,
燃燒效果更強哦!

start!

20秒

1 深蹲

休息 **20**秒

20秒

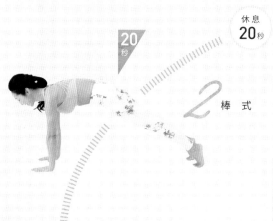

2 棒式

連續進行 HIIT!

基本的脂肪燃燒課程有 4 個動作。進行
HIIT 時,連續做這 4 個動作 × 2 回合。
每個動作以 20 秒全力衝刺,結束之後,
進行 20 秒內的休息並準備下一個動作。

休息 **20**秒

20秒

3 跳躍

休息 **20**秒

20秒

4 桌面式 伸展

repeat!
重複

finish!

首先從基本動作學起！

基本動作 **1**

Squat

基本的脂肪燃燒 HIIT
深　蹲

我們從這個有名的動作開始。如果姿勢錯誤的話就沒有效果了，在這裡我們來學習正確的方法吧！

1

站立，兩腿張開
與腰同寬

膝蓋彎曲時不要超過腳尖，
臀部像是往後坐在椅子上
一般，並彎曲股關節。

OK

NG

② 雙手向前
腰部向下

雙手向前伸，同時臀部向後推
出，彎曲股關節。重複①、②
動作。

膝蓋不要超出腳尖喔！

臀部向後推出，伸展
大腿內側及臀部。

基本動作 2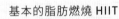

基本的脂肪燃燒 HIIT
棒 式

背部呈圓弧型，腹部凹陷是重點。手和腳大力推，可以鍛鍊腹部中段。

stand by＿準備動作

四肢著地

腳尖與腳跟平行

伸直膝蓋
踮起腳尖

兩膝蓋從地面抬起伸直,背部呈圓弧型,縮緊臀部,然後保持這個動作。

背部呈圓弧型,縮緊臀部

肩膀正下方為手腕

NG

腹部放鬆,腰部沒有彎曲

基本動作 **3** *Jump*

基本的脂肪燃燒 HIIT
跳 躍

第3個動作是跳躍,是可以綜合
鍛鍊下半身肌肉、加強運動強
度、提升心跳數的運動。

①

雙腳與腰同寬
腰部向下

雙腳與腰同寬站立。雙手
彎曲手肘,向前伸出,腰
部向下。

雙手大力揮動
跳起來！

雙手向後大力揮動跳起來。膝蓋彎曲以❶的姿勢著地。重複❶、❷動作。

盡情揮動雙手

OK

膝蓋彎曲著地

NG

著地時膝蓋不要伸直

基本動作 **4**

Tabletop reach

stand by_準備動作

膝蓋彎曲坐在地上,雙手
放在地上並張開,指尖朝
向腳的方向。

基本的脂肪燃燒 HIIT
桌面式伸展

緊緻手臂與背部的運動。這個姿勢之
後會常常使用,在這裡先來學會正確
的動作吧!

肩膀正下方為手腕

(2) **右手向天花板伸展**

右手向天花板伸展,這時重心放在肩上。

(1) **抬起臀部**

肩膀正下方為手腕,臀部向
上抬。

伸展手部的時候重心
不要放在腿部　　　NG

手部向天花板方向儘
可能地伸展

重心不要放在腿部、腳跟保
持 90 度

 左手向天花板伸展

這次換成左手向天花板伸展。
有節奏地重複 1～4 的動作。

右手回到地面

右手放到地上,並回到 1
的姿勢。

enjoy!

enjoy!
HIIT

exercise squat

1

基本的脂肪燃燒 HIIT
深　蹲

從 P.28 所記得的深蹲開始,是簡單卻能燃燒全身脂肪的運動。

20
秒

① 雙腳站立與腰同寬

利用學到的這四種基本動作開始脂肪燃燒 HIIT 囉!

簡單的 4 個基本動作連續做 2 次,確認進行 HIIT 時的重點,燃燒脂肪吧!

20 秒運動
20 秒休息

這個脂肪燃燒 HIIT 課程,1 回合約 5 分鐘,連續做這 4 個基本動作 × 2 回合。

來確認吧!
HIIT 的原則

全力運動

每個動作各為 20 秒,在這 20 秒之間,盡全力地運動。

大口吐氣

運動時往往會覺得因為用盡力氣而呼吸卡住,這時要有意識凹陷腹部,大口吐氣。

補充水分

20 秒全力運動之後,在 20 秒內準備下一個動作。休息時及運動前後不要忘記補充水分。

雙手向前伸，腰部向下

雙手向前伸，同時臀部向後推出，彎曲股關節。
重複①、②動作。

臀部向後推出，伸展大
腿內側與臀部

膝蓋不能超過腳尖

next ₂₀秒 休息 & 前往下一個動作

exercise plank

2

基本的脂肪燃燒 HIIT

棒　式

接下來，進行 P.30 學到的棒式，在這裡進行
20 秒能緊緻腹部的棒式。

20
秒

stand by_準備動作

四肢著地

背部呈圓弧型，縮緊臀部

肩膀正下方為手腕

腳尖與腳跟平行

1　伸直膝蓋，踮起腳尖

兩膝蓋從地面抬起伸直，背部呈圓弧型，縮
緊臀部並維持這個姿勢。

  next 20秒 休息 & 前往下一個動作

exercise jump

3

基本的脂肪燃燒 HIIT

跳　躍

接著，進行 **P.32** 學到的跳躍，盡情揮動雙手，有節奏地跳起來吧！

盡情揮動雙手

20
秒

② 雙手大力揮動
跳起來！

雙手向後大力揮動跳起來，膝蓋彎曲以 ① 的姿勢著地。重複 ①、② 動作。

① 雙腳與腰同寬
腰部向下

雙腳與腰同寬站立。雙手彎曲手肘，向前伸出，腰部向下。

 **next** 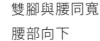 休息 & 前往下一個動作

exercise tabletop reach

基本的脂肪燃燒 HIIT
桌面式伸展

再來，進行 P.34 所學到的桌面式伸展。讓我們緊緻手臂與背部，燃燒脂肪吧！

stand by _準備動作

膝蓋彎曲坐在地上，雙手放在地上並張開，指尖朝向腳的方向。

20 秒

手部向天花板方向儘可能地伸展

腳跟保持 90 度

肩膀正下方為手腕

2 右手向天花板伸展

右手向天花板伸展，這時重心不要放在腳部，腳跟保持 90 度。

1 抬起臀部

肩膀正下方為手腕，臀部向上抬。

左手向天花板伸展

這次換成左手向天花板伸展。
有節奏地重複 ❶～❹ 的動作。

❸ 右手回到地面

右手放到地上,並回到❶的
姿勢。

重心不要放在腿部、腳跟保
持 90 度。

finish!

repeat 重複

休息
20秒

休息
20秒

休息
20秒

4   3   2   1

桌面式伸展   跳 躍   棒 式   深 蹲

這件事如果說出來，我想大家應該會很驚訝：其實我本來很不喜歡運動。而且我對於自己的體力、持續力都沒有信心。

因此我相信只靠飲食和伸展就能改變體態。

穿著發汗衣進行練習，而從我懂事之後，我更一直認為「我太胖了！一定要瘦下來才行」。

進入青春期之後，食慾達到高峰，不管吃多少都沒有飽的感覺。

我從小就十分活潑，身體應該要很健壯才是，但卻每天貧血，只要曬一下太陽馬上就倒了。

但是不管是電視或是雜誌上，纖瘦的人總是令人注目，而這助長了減肥節目的盛行，我也因此相信「只要瘦，就會變得可愛。」

自小練體操的我，因為比周圍的人更容易發胖，所以總是

我與 HIIT 的相遇

HIIT

—自身所學習到的事，訴說現在心情—

20歲前半
的飲食障礙，
讓我變得負面消極

單一食物減肥、代餐減肥、進行有氧運動的踏步機、服用抑制卡路里的保健食品等，任何流行的減肥方法我都試過，對於相信只要瘦就能變可愛的我來說，這些能短時間減輕體重的方式讓我十分開心。

但是，我發現反覆進行減肥後，就開始很難變瘦，以前馬上就能減輕3公斤左右，現在則是1公斤都沒有變化。

因為我沒有注意到每次減肥時，因食量變少而導致代謝衰退、身體被飢餓所追趕。

無法像想像中般變瘦就算

便利商店買了4〜5人份的便當、麵包、甜點，然後一口氣吃完。

了，大腿變胖再加上O型腿，看起來更胖了，而且臀部卻沒有因為變胖而跟著翹起來，還是平平的，這實在太糟糕了！

當吃完後肚子很撐，再因為罪惡感開始絕食，然後當找到家中的食物，又馬上吃光，這樣的惡性循環。因為太在意

也因為現實跟不上理想，而越來越沒有自信。

因此當我一回神，就已經在變胖，在人前不吃東西，回到

家則異常暴飲暴食，那時的我得了飲食障礙，常常在冰箱前一邊哭，一邊把調味料放進口中，我知道我變得很奇怪，但又不知道該怎麼辦才好。

那個時候的我，根本無法想像現在我的樣子，而我會開始在Instagarm和YouTube上傳影片，就是因為希望盡可能讓大家不要有跟我一樣的經驗，並且增加自信心，找到屬於自己的美。

正因為自己愛煩惱、擔心小事，才能注意到的事

我所做的運動，是從健身房基本的運動：深蹲、推舉、硬拉開始。

舉起和自己體重差不多的槓鈴進行深蹲，給予身體負擔，鍛鍊肌肉。

自卑的O型腿不到一個月就變得筆直，平到不行的臀部則變得緊翹。

做運動，能給予身體想要的營養，也因為肌肉量增加而提高基礎代謝，變成容易燃燒脂肪的身體。原本顏色枯槁的肌膚漸漸容光煥發，變得明亮健康。

或許是自身的知識和經驗為任職私人教練加分，我後來到有名的健身房任教，一邊累積經驗，一邊學習解剖學及肌肉生理學。

就是因為自己愛煩惱、擔心小事，所以才能留意到這些事。

這些為我所經歷過的事找到答案，也為之前如同散落的點一般的知識連成一條線。

而自己內心的負面思考也一點點轉為正面。

對自己的身體沒有自信、在解剖學中學習如何取得平衡

的身體。前大腿痠痛的原因等等，所有的點都被連在一起。

我與 HIIT 的相遇

HIIT

HIIT 比想像中更有效，希望能有更多人來體驗

我一開始會知道 HIIT 是因為瀏覽海外的健身部落格。

那時雖然馬上開始嘗試，但因為實在太辛苦，本來就對運動沒有興趣的我，實在沒有動力繼續下去。

而當我在仔細理解 HIIT 的原理之後，與我自己在進行的運動搭配，並將這樣的原創運動上傳到在新的頻道裡。

這個運動的效果比預期還要好，明明沒有做腹肌運動，卻有了腹肌、臉也變小了，而且比起這些，最厲害的是眼睛看得更清楚，頭腦也覺得變輕盈且清醒。

我希望這樣的效果能讓更多人體驗，即使不喜歡運動的女性也能持續做這個既開心又有效果的 HIIT。

無論是和朋友一起做，或是媽媽教小孩做，希望這個運動可以讓身邊的人都一起感受。

本書的運動菜單，是我目前做過的 HIIT 之中最有效果

我與 HIIT 的相遇

HIIT

讓自己的個性
與美麗閃耀光芒

的，也是我這輩子都會持續使用的內容。

今後我希望我們大人以自己健康的身體為範本，替孩子們帶來良好的示範。

而最後我想要告訴各位的是：

但是，我們和大家一樣，都是美麗有魅力的人，並不是只有某人很厲害。

無論我和你，每個人都擁有獨一無二的個性，磨練它，讓它漸漸發出光芒，是讓你成為注目焦點的秘訣。

讓自己的美閃爍光芒吧！

每個人生長的環境、經驗、身體狀況都各不相同。

或許會因為太憧憬理想的姿態而看低自己。或許電視。雜誌將某人說得多麼厲害。或許周遭的人並不認同自己……

然後也稱讚周圍的人厲害之處吧！

Column . 2

「鍛鍊要多久一次才好呢？」

鍛鍊的頻率與強度都是可以控制的喔！

舉例來說，像我這樣習慣運動並進行高強度運動的狀況，僅靠日常生活的運動就能維持肌肉，所以10天一次，一次40分就能打造比現在更棒的身體。

而另一方面，鍛鍊新手的話，雖然只要做一點運動就能有很好的效果，但因為無法負荷強力運動，所以比起偶爾做很多運動，我比較推薦每天進行輕量的運動。

首先，盡可能每天進行5分鐘運動。

本書的HIIT瘦身，每個課程1回合約5分鐘，正好適合每天的運動。

當習慣之後再慢慢將時間延長，目標為持續20分鐘。

HIIT瘦身有6個課程，組合自己喜歡的課程進行4回合，剛好20分鐘。如果自己可以不勉強的達成，就給動起來的自己一個大大的獎勵吧！

只有自己才最了解自己喔！

Chapter

3

部 位 下半身強化課程

HIIT

瞄準大肌肉群

下半身強化課程

部位

從現在開始，是分部位的課程，可以漸漸燃燒身體的脂肪。

首先是下半身強化課程。

想要有效地燃燒脂肪，不可欠缺的就是下半身的肌肉鍛鍊。

下半身大腿前側有股四頭肌為首的大肌肉群，鍛鍊這裡能讓全身的肌肉量增加，提升基礎代謝。

這8個動作，除了大腿前側，後面、內側、外側也能鍛鍊。

進行HIIT，打造容易燃燒脂肪的體質、筆直的雙腿和圓翹的臀部吧！

連續進行 HIIT 吧！

下半身強化課程有 8 個動作。進行 HIIT 時，連續做這 8 個動作 × 1 回合。每個動作以 20 秒全力衝刺，結束之後，進行 20 秒內的休息並準備下一個動作。

start!

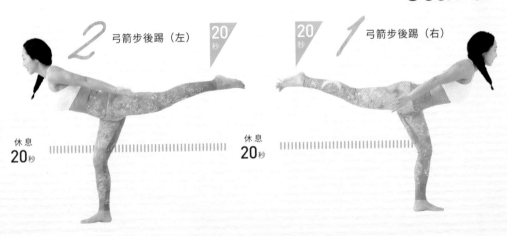

2 弓箭步後踢（左）　20秒

20秒　弓箭步後踢（右）1

休息 20秒

休息 20秒

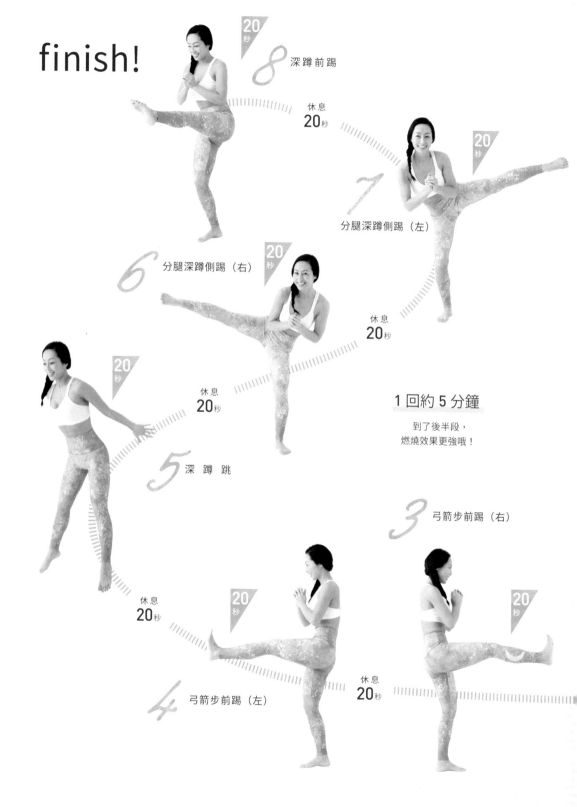

finish!

8 深蹲前踢 `20秒`

休息 **20**秒

7 分腿深蹲側踢（左） `20秒`

6 分腿深蹲側踢（右） `20秒`

休息 **20**秒

休息 **20**秒

5 深 蹲 跳 `20秒`

1 回約 5 分鐘

到了後半段，
燃燒效果更強哦！

3 弓箭步前踢（右） `20秒`

休息 **20**秒

4 弓箭步前踢（左） `20秒`

休息 **20**秒

exercise lunge kick back

1

下半身強化 HIIT
弓箭步後踢（右）

動作從單腳往後跨一步，重心移到前腳的「弓箭步」開始，接著往後踢，鍛鍊大腿的前、後側。

enjoy!

以緊緻美腿為目標
下半身強化 HIIT 開始囉！

這裡有許多單腳站立動作的課程，所以特別重視平衡能力。不要著急，慢慢試試看！正確的動作是能達到美麗緊緻的關鍵。

> 上半身向前，不要彎成圓形！

20
秒

20 秒運動
20 秒休息

這個下半身強化 HIIT 課程，1 回合約 5 分鐘，連續做這 8 個動作 ×1 回合。

來確認吧！
HIIT 的原則

全力運動

每個動作各為 20 秒，在這 20 秒之間，盡全力地運動。

大口吐氣

運動時往往會覺得因為用盡力氣而呼吸卡住，這時要有意識地凹陷腹部，大口吐氣。

補充水分

20 秒全力運動之後，在 20 秒內準備下一個動作。休息時及運動前後不要忘記補充水分。

1　右腳向後跨，
　　重心放在左腳

雙腳併攏站立準備。右腳向後跨一步，上半身稍微向前傾，重心移到前腳，右腳膝蓋接近地面但不要著地，腰部向下，雙手在胸前輕輕闔起。

NG

上半身向前傾，重心放在前腳

站起來，
右腳向後往上抬

重心向前移動站起來，雙手大幅度往
後揮，並向後伸腿。重覆 ①、② 動
作。

從側邊看起來呈 T 字型
般傾斜上半身

NG

上半身向前傾，
重心放在前腳

下半身強化 HIIT
弓箭步後踢（左）

和第 1 個動作相同，這次換左腳向後踢，鍛鍊大
腿前、後側的大腿屈肌群。

20
秒

從側邊看起來呈 T 字型
般傾斜上半身

上半身向前，
不要彎成圓
形！

2 站起來，
左腳向後往上抬

重心向前移動站起來，雙手大幅度往
後揮，並向後伸腿。重覆 **1** 、 **2** 動
作。

1 左腳向後跨，
重心放在右腳

雙腳併攏站立準備。左腳向後
跨一步，上半身稍微向前傾，
重心移到前腳，左腳膝蓋接近
地面但不要著地，腰部向下，
雙手在胸前輕輕闔起。

next 20秒 休息 & 前往下一個動作

exercise lunge front kick

下半身強化 HIIT
弓箭步前踢（右）

動作從單腳往後跨一步，重心移到前腳的「弓箭步」開始，右腳向前踢。更進一步鍛鍊大腿的前、後側。

easy

大腿後側太僵硬，膝蓋無法向前伸直的話，彎曲也沒關係。

吐氣讓腹部凹陷

上半身向前，不要彎成圓形！

1 右腳向後跨，
重心放在左腳

雙腳併攏站立準備。右腳向後跨一步，上半身稍微向前傾，重心移到前腳，右腳膝蓋接近地面但不要著地，腰部向下，雙手在胸前輕輕圍起。

2 站起來，
右腳向前踢

重心留在前方並站起來，腹部呈凹陷狀態，後腳向前踢。重複**1**、**2**動作。

next 20秒 休息 & 前往下一個動作

exercise lunge front kick

下半身強化 HIIT
弓箭步前踢（左）

和第 3 個動作相同，這次換左腳向前踢！更進一步鍛鍊大腿前、後側的大腿屈肌群。

（easy）

大腿後側太僵硬，膝蓋無法向前伸直的話，彎曲也沒關係。

20秒

吐氣讓腹部凹陷

上半身向前，不要彎成圓形！

② 站起來，左腳向前踢

重心留在前方並站起來，腹部呈凹陷狀態，後腳向前踢。重複 ❶、❷ 動作。

① 右腳向後跨，重心放在左腳

雙腳併攏站立準備。左腳向後跨一步，上半身稍微向前傾，重心移到前腳，左腳膝蓋接近地面但不要著地，腰部向下，雙手在胸前輕輕闔起。

next 20秒 休息 & 前往下一個動作

exercise widesquat jump

5

下半身強化 HIIT
深蹲跳

基本的脂肪燃燒課程裡所學的「深蹲」與「跳躍」的結合。目標是鍛鍊大腿內側並提高心跳數。

盡情揮動雙手

臀部不要朝下，往上推

20
秒

② 雙手大力揮動、
跳起來！

雙手向後揮動、跳躍。以雙腳張開，膝蓋彎曲，臀部往後推出的姿勢著地。重複❶、②動作。

OK　　　NG

① 雙腳張開，
腰部向下

雙腳張開站立比腰部稍寬。雙手在胸前輕輕闔起，臀部往後推出，彎曲股關節。

著地時，確實彎曲膝蓋、臀部向後推出

next **20**秒 休息 & 前往下一個動作

exercise
widesquat side kick

下半身強化 HIIT
分腿深蹲側踢（右）

從兩腳張開較大寬幅的「深蹲」姿勢開始，右腳向側踢！具有緊實大腿內、外側及臀部的效果。

20 秒

> 雙腳盡量張開，膝蓋不要呈內八。

1 **雙腳盡量張開，腰部向下**

雙腳張開站立比腰部稍寬。臀部向後推出，彎曲股關節。

臀部向後推出，並保持這個姿勢！

站起的同時踢腿

② 站起的同時，右腳向側邊踢

保持臀部向後推出的姿勢，從深蹲站起的同時，右腳向右外側踢腿。伸直右膝蓋，向身體的側邊踢。重複①、②動作。

next ²⁰秒 休息 & 前往下一個動作

exercise
widesquat side kick

7

下半身強化 HIIT
分腿深蹲側踢（左）

和第 6 個動作相同，這次換左腳向左外側踢，可
以緊緻容易下垂到大腿外側的臀部。

20
秒

雙腳盡量張開，膝蓋不要
向內

（1） **雙腳盡量張開，腰部向下**

雙腳張開站立比腰部稍寬。臀部向後推
出，彎曲股關節。

臀部向後推出,並保持這個姿勢!

站起的同時踢腿

②　站起的同時,左腳向側邊踢

保持臀部向後推出的姿勢,從深蹲站起的同時,左腳向左外側踢腿。伸直左膝蓋,向身體的側邊踢。重複①、②動作。

next 20秒　休息 & 前往下一個動作

exercise
widesquat front kick

8

下半身強化 HIIT
深蹲前踢

在深蹲站起之後，兩腳交互向前踢。可以緊實大腿
內側和大腿前側上半部，打造美腿。

20秒

2 站起的同時，右腳向前踢

在深蹲站起的同時，右腳向前踢。

1 雙腳盡量張開，腰
部向下

雙腳張開站立比腰部稍寬。
臀部向後推出，彎曲股關
節。

 站起的同時，左腳向前踢

在深蹲站起的同時，左腳向前踢。重複❶～❹的動作。

③ 雙腳盡量張開，
腰部向下

回到❶的姿勢。

finish!

Column . 3

「限制飲食是必要的嗎？」

不需要限制飲食喔！

不僅運動的份，要好好的吃回來，為了讓身體產生變化，更是需要好的營養，但是也不要太過於執著。

我們的身體和小孩一樣，當全身的活力無法發散時，內臟活動會漸漸趨緩，當內臟無法生氣勃勃的運作，就算攝取再好的營養，也無法好好吸收。

所以我們不需要一直想要補充營養，而是要靠我們的身體製造營養。藉由全身徹底的運動活化內臟，打造能分解食物的能力；製造能良好吸收營養的酵素，轉化為身體的能量。比起限制飲食、挑選食物，打造能夠消化、活用的能力更為重要。

雖然沒有什麼不能吃，但還是盡可能選擇自然的食物。自然的食物因為充滿營養，所以比較難分解，因此能養成靠自己身體分解的能力，內臟也跟著活化。

我的話是每天早上從水果開始，之後才是早餐。蔬菜當然是一定要攝取的，好好的吃以營養的材料做成的飯和麵包，肉類則是一週吃一次。

Chapter **4**

部 位　背部、軀幹強化課程

HIIT

打造從內向外緊緻的線條

部 位　背部、軀幹強化課程 HIIT

背部、軀幹強化課程是緊緻肩膀四周與背部的肌肉，強化身體的課程。

消除僵硬肩膀周圍的痠痛，並緊實四周的肌肉，打造優美的體態。

軀幹，就如字面所示，是身體的軸心。除了頭頸部及肢體外皆屬軀幹。

這個課程，在承受自己體重的同時緊實軀幹，並從內向外打造女人味的腰部線條。

連續進行 HIIT 吧！

背部、軀幹強化課程有 8 個動作，進行 HIIT 時，連續做這 8 個動作 ×1 回合。每個動作以 20 秒全力衝刺，結束之後，進行 20 秒內的休息並準備下一個動作。

start!

2　海豚棒式　20秒

休息 20秒

1　毛蟲步　20秒

休息 20秒

8 棒式下拉 20秒

休息 20秒

7 肘撐棒式舉手 20秒

休息 20秒

finish!

6 棒式舉手 20秒

休息 20秒

5 肘撐棒式划船 20秒

休息 20秒

1 回約 5 分鐘

到了後半段，
燃燒效果更強哦！

4 棒式划船 20秒

休息 20秒

3 海豚伏地挺身 20秒

exercise caterpillar walk

1

背部、軀幹強化 HIIT
毛 蟲 步

用手走路，變成基本的脂肪燃燒課程所學到的「棒式」。一起鬆開背部的大塊肌肉吧。

stand by_準備動作
雙腳與腰同寬站立

20秒

① 兩手交錯移動
成為棒式

兩手放在地上，雙腳不動，兩手移動向前形成棒式。

enjoy!
HIIT

姿態到肩線都優美
背部、軀幹強化 HIIT 開始囉！

因為棒式動作連續出現，要注意腰不要彎曲。肩膀正下方是手腕，腳跟與腳尖平行。不要忘記夾緊臀部喔。

20 秒運動
20 秒休息

這個背部、軀幹強化課程，1回合約5分鐘，連續做這8個動作×1回合。

來確認吧！
HIIT 的原則

全力運動

每個動作各為20秒，在這20秒之間，盡全力地運動。

大口吐氣

運動時往往會覺得因為用盡力氣而呼吸卡住，這時要有意識地凹陷腹部，大口吐氣。

補充水分

20秒全力運動之後，在20秒內準備下一個動作。休息時及運動前後不要忘記補充水分。

凹陷腹部，內臟向上提

背部呈圓弧型，縮緊臀部

腳尖與腳跟平行

肩膀正下方為手腕

 臀部向上抬，相反動作返回

臀部向上抬，做一個深呼吸，然後背部呈圓弧型回到棒式，縮緊臀部。接著反向回到❶的動作：手往腳部移動，站起來。重複❶～❸動作。

變成棒式

背部為圓弧型變成棒式，縮緊臀部。

next 20秒 休息 & 前往下一個動作

exercise dolphin plank

2

背部、軀幹強化 HIIT

海豚棒式

這是從「棒式」開始，臀部向天花板推出變成海豚姿
勢的動作，能夠完美緊實腹部。

stand by _準備動作

四肢著地

20秒

腳尖與腳跟平行

肩膀正下方為手腕

① **伸直膝蓋、踮起腳尖**

兩隻腳的膝蓋從地面抬起並伸直，背部成圓弧
型，縮緊臀部。

NG

腳跟不要碰到地面

凹陷腹部，內臟向上提

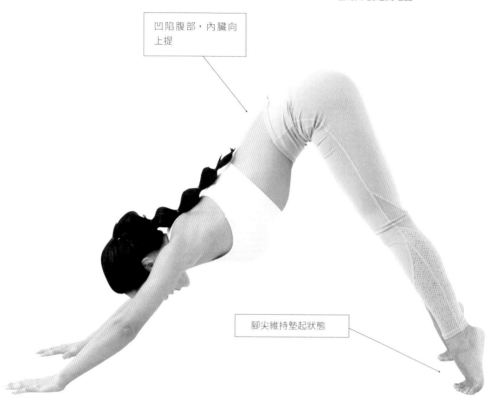

腳尖維持墊起狀態

② 腹部凹陷、臀部向上抬高

雙手和雙腳推地並取得平衡，臀部向上高高推出，在這裡做一個深呼吸。背部呈圓弧型一邊回到棒式，縮緊臀部。重複 ① 、 ② 動作。

next **20**秒 休息 & 前往下一個動作

exercise dolphin pushup

3

背部、軀幹強化 HIIT
海豚伏地挺身

在第2個動作上,加上能放鬆肩頰骨的「眼鏡蛇式」,是打造美麗胸部的伏地挺身運動。

1 趴著,兩手放在
胸部兩側

趴著,收緊腋下,兩手放
在胸部兩側,兩腳張開與
腰同寬,踮起腳尖。

20
秒

2 手肘伸直,
伸展腹部

3 腹部凹陷、
臀部向上抬高

雙手和雙腳推地並取得平
衡,臀部向上高高推出。

凹陷腹部,內臟向
上提

背部呈圓弧型，一邊變成棒式

背部呈圓弧型，一邊回到棒式，收緊臀部。

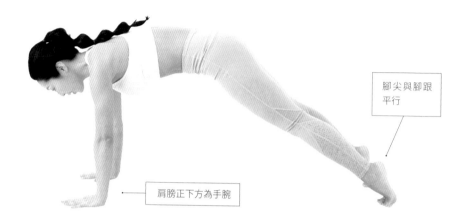

腳尖與腳跟
平行

肩膀正下方為手腕

 胸部接近地面，回到趴式

雙肘慢慢彎曲，胸部向地面接近，接著臀部向下，胸部、下
腹、大腿也回到地面。重複 ① ～ ⑤ 動作。

從胸部開始慢慢回到地面

next 20秒 休息 & 前往下一個動作

exercise plank rowing

背部、軀幹強化 HIIT

棒式划船

在可以鍛鍊軀幹的「棒式」，加上能優美肩胛骨的動作。對於駝背、肩膀痠痛等困擾也很有效。

視線往前，肩膀比臉部更往後拉伸。

20秒

② 右手向後拉伸

右手肘彎曲，手拉到肚臍外側，延展胸部，肩胛骨向背部中央靠近。

① 從棒式開始

四肢著地做準備，兩腳膝蓋離開地面並伸直，踮起腳尖。

③ 左手向後拉伸

右手回到地面，另一側也進行同樣動作。左手肘彎曲，手拉到肚臍外側。重複②、③動作。左右手交互向後拉伸。

easy

在手部動作習慣之前，兩膝蓋著地也 OK

next **20**秒 休息 & 前往下一個動作

exercise elbow plank rwoing 5

背部、軀幹強化 HIIT
肘撐棒式划船

和第4個動作相同,但改為兩手肘著地的「肘撐棒式划船」。讓背部的肌肉也一起動起來吧!

20 秒

視線往前,肩膀比臉更往背部中央拉伸。

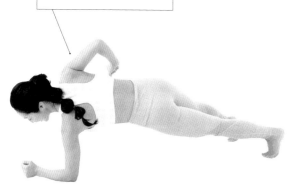

② **右手向後拉伸**

右手肘彎曲,手拉到肚臍外側,延展胸部,肩胛骨向背中央靠近。

① **膝蓋伸直、踮起腳尖**

四肢著地,手肘撐地在肩膀正下方。兩腳膝蓋從地上抬起伸直,踮起腳尖。背部呈圓弧型,收緊臀部。

③ **左手向後拉伸**

右手肘回到地面,另一側也進行同樣動作。左手肘彎曲,手拉到肚臍外側。重複②、③動作。左右手交互拉伸。

easy

在手部動作習慣之前,兩膝蓋著地也
OK

next **20**秒 休息 & 前往下一個動作

exercise plank world raise

背部、軀幹強化 HIIT
棒式舉手

以棒式的姿勢，進行兩手交錯有如揮旗手般的動作，一邊意識肩胛骨一邊動起來吧！

③ 左手向頭上伸展

右手回到地面，左手也像上個動作一樣，離開地面，向頭上伸展。

④ 右手向身體側邊伸展

左手回到地面，右手向身體側邊伸展，這時手臂的位置要伸展到和肩膀一樣高，手心朝下。

20秒

① 從棒式開始

四肢著地做準備，兩腳膝蓋離開地面並伸直，踮起腳尖。

⑤ 左手向身體側邊伸展

右手回到地面，左手也和上個動作一樣，離開地面，向身體側邊伸展。有節奏地重複②～⑤動作。

② 右手向頭上伸展

右手離開地面，向頭上伸展，這時請注意手臂的位置與耳朵差不多高。

（easy）

兩腳膝蓋著地進行也
OK

next 20秒 休息 & 前往下一個動作

exercise elbow plank fly

背部、軀幹強化 HIIT
肘撐棒式舉手

以兩手肘著地的「肘撐棒式」開始進行的動作。彎曲手肘，兩手交互動作，心跳數馬上升高。

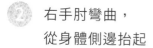

保持手肘彎曲90度，從側邊抬起

20秒

右手肘彎曲，從身體側邊抬起

右手手肘彎曲90度，保持這個角度在身體側邊抬起。抬起的同時手心朝下。

膝蓋伸直，踮起腳尖

四肢著地，手肘撐地在肩膀正下方。兩腳膝蓋從地上抬起伸直，踮起腳尖。背部呈圓弧型，縮緊臀部。

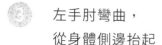

左手肘彎曲，從身體側邊抬起

右手手肘回到地面，另一側也進行同樣動作。左手手肘彎曲90度，保持這個角度在身體側邊抬起。有節奏地重複②、③動作。

easy

兩腳膝蓋著地進行也 OK

next **20**秒 休息 & 前往下一個動作

exercise plank pulldown

背部、軀幹強化 HIIT
棒式下拉

在「棒式」之上，左右手交互動作。確實刺激背部肌肉，打造沒有背溢肉的背部吧。

20
秒

2 右手向頭上伸展

右手離開地面，向頭上伸展，這時請注意手臂的位置與耳朵差不多高。

1 從棒式開始

四肢著地做準備，兩腳膝蓋離開地面並伸直，踮起腳尖。

試試看將肩膀拉到臉部後方

3 右手肘彎曲，向身體拉伸

右手手肘彎曲，往背部中央拉伸，接著手肘伸直回到前方，右手回到地面。

④ 左手向頭上伸展

保持腹部凹陷

⑤ 左手肘彎曲，向身體拉伸

左手手肘彎曲，往背部中央拉伸，接著手肘伸直回到前方，左手回到地面。有節奏地重複②～⑤動作。

請注意重心不要移到腳部

easy

finish!

兩腳膝蓋著地進行也 OK

Column .4

「鍛鍊肌肉，腿不會變粗嗎？」

有許多人擔心進行肌肉訓練之後腿會變粗，其實我也是會擔心的其中一人。我本來就是下半身肥胖，上半身瘦的類型，而和我一樣的人，令人意外還蠻多的。

因為小時候進行器械體操的緣故，所以運動神經比周圍的人要好，所以認為自己的大腿是因為鍛鍊肌肉而變粗的。但是我只有小時候運動而已，所以現在大腿都是脂肪了。肌肉不是自然就會出現，而是要認真訓練才會有的，而如果腳上有肌肉的話，脂肪會被燃燒，周邊就不容易產生脂肪。

因為我的大腿胖到連自己的膝蓋都看不到，脂肪成塊，附著於上的肌肉既硬也不好運用，加上我還有O型腿，所以大腿前側及外側的肌肉也很壯碩。後來藉由健身器材鍛鍊大腿內側及後方的肌肉改善O型腿，現在雙腿變得均勻、筆直雙腿。

因此持續進行運動，燃燒脂肪，大腿就會變得纖細緊緻。不過雖然緊緻的感覺很快就能感受得到，但燃燒脂肪、腿變細也是在進行運動一年半之後，當初進行運動時可是變得令人驚訝的腫漲呢！（笑）

Chapter

5

部　位　側腹集中課程

HIIT

燃燒腰部周圍的皮下脂肪

部 位　側腹集中課程

這是以腰部周圍的皮下脂肪為主，一邊利用呼吸，並燃燒內臟脂肪的課程。

進行運動時，請特別注意呼吸。當心跳數上升，腹部的空氣進出也跟著變大。

大口呼吸能從身體內部緊緻腹肌，創造擁有女性美的腰線。

而當腿高舉，腰部四周的脂肪也會跟著快速燃燒。

連續進行 HIIT!

側腹集中課程有8個動作。進行HIIT時，連續做這8個動作×1回合。每個動作以20秒全力衝刺，結束之後，進行20秒內的休息並準備下一個動作。

1 站姿碰膝（右）

20秒

2 蜘蛛式（右）

20秒

休息 20秒

休息 20秒

start!

8 蜘蛛式

7 扭轉踢腳（左）

休息 **20**秒

20秒

20秒

finish!

6 棒式扭轉

20秒

休息 **20**秒

20秒

休息 **20**秒

1回約5分鐘

到了後半段，
燃燒效果更強哦！

5 扭轉踢腳（右）

3 站姿碰膝（左）

20秒

20秒

4 蜘蛛式（左）

休息 **20**秒

休息 **20**秒

enjoy!

exercise
standing knee touch

1

側腹集中 HIIT
站姿碰膝（右）

腳往上半身抬高的運動，具有緊實側腹部及
腹部的效果。大動作、有節奏地動起來吧！

20秒

enjoy!
HIIT

變身小蠻腰
側腹集中 HIIT 開始囉！

重點是腰部四周的皮下脂肪，並一邊運用呼
吸燃燒內臟脂肪。承擔自己的體重同時，腹
部也跟著緊實。

20 秒運動
20 秒休息

這個側腹集中HIIT課程，1回合約
5分鐘，連續做這8個動作×1回
合。

來確認吧！
HIIT 的原則

全力運動

每個動作各為20秒，在這20秒之
間，盡全力地運動。

大口吐氣

運動時往往會覺得因為用盡力氣
而呼吸卡住，這時要有意識凹陷
腹部，大口吐氣。

補充水分

20秒全力運動之後，在20秒內準
備下一個動作。休息時及運動前
後不要忘記補充水分。

1 兩手在頭上闔起，
上半身傾斜

雙腿張開與腰部同寬站立。兩
手往頭上伸輕輕闔起，上半身
向左傾斜。

兩手向下，
碰觸右腳膝蓋

右腳向上高舉的同時，兩手由
左上向下碰觸右腳膝蓋。有節
奏地重複 ① 、 ② 動作。

動作越大越好。一邊大
口吐氣並碰右腳膝蓋。

每次由同一條線路往下擺動，
並保持平衡。

OK

NG 上半身不要向後，凹陷
腹部，彎曲上半身碰觸
膝蓋。

 next 20秒 休息 & 前往下一個動作

exercise spider

側腹集中 HIIT

蜘蛛式（右）

以鍛鍊軀幹的「棒式」為基礎，進行對消除側腹脂肪有效果的動作。

20 秒

臉傾向彎曲的膝蓋側，縮緊腹部。

腳尖與腳跟平行

肩膀正下方為手腕

② **彎曲右腳膝蓋向肩膀靠近**

彎曲右腳膝蓋。膝蓋轉向側邊與地板平行，並將膝蓋向肩膀靠近。有節奏地重複①、②動作。

① **從棒式開始**

四肢著地做準備，兩腳膝蓋離開地面並伸直，踮起腳尖。

easy

以兩膝蓋著地的姿勢進行。膝蓋向肩膀靠近之後，腳往後伸展。

next 20 秒　休息 & 前往下一個動作

NG **OK**

上半身不要向後，凹陷腹部，
彎曲上半身碰觸膝蓋。

exercise
standing knee touch

3

側腹集中 HIIT
站姿碰膝（左）

和第 1 個動作相同，這次將兩手由上朝下碰
觸左膝蓋。用大幅度的動作，緊緻側腹與腹
部吧！

20
秒

動作越大越好。一邊
大口吐氣並碰左腳膝
蓋。

每次由同一條線路往下
擺動，並保持平衡。

2 兩手向下，
碰觸左腳膝蓋

左腳向上高舉的同時，兩手由右上
向下碰觸左腳膝蓋。有節奏地重複
1、**2** 動作。

1 兩手在頭上闔起，
上半身傾斜

雙腿張開與腰部同寬站立。兩
手往頭上伸輕輕闔起，上半身
向右傾斜。

next 20秒 休息 & 前往下一個動作

exercise spider

側腹集中 HIIT
蜘蛛式（左）

和第2個動作相同，這次將左膝蓋拉到身體側邊。刺激側腹的肌肉，打造緊緻的腰部。

20秒

臉傾向彎曲的膝蓋側，縮緊腹部。

腳尖與腳跟平行

肩膀正下方為手腕

② 彎曲左腳膝蓋向肩膀靠近

彎曲左腳膝蓋。膝蓋轉向側邊與地板平行，並將膝蓋向肩膀靠近。有節奏地重複①、②動作。

① 從棒式開始

四肢著地做準備，兩腳膝蓋離開地面並伸直，踮起腳尖。

easy

以兩膝蓋著地的姿勢進行。膝蓋向肩膀靠近之後，腳往後伸展。

next 20秒 休息 & 前往下一個動作

5

側腹集中 HIIT
扭轉踢腳（右）

上半身及下半身呈對角線扭轉。緊實腹部、側腹、腰部四周的肌肉。速度加快效果更好喔。

踢的時候上半身稍微前傾。

凹陷腹部，然後踢！

---

② **彎曲身體，踢右腳**

右腳向斜前方踢，同時，雙手從左肩向下往右腰擺動，上半身及下半身呈對角線扭轉。

① **雙腳張開與腰同寬，重心放在左腳**

雙腳張開站立與腰同寬，重心放在左腳，雙手在左肩前輕輕闔起。

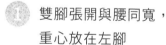

next 20秒 休息 & 前往下一個動作

exercise plank twist kick

側腹集中 HIIT
棒式扭轉

一邊做鍛鍊軀幹的「棒式」，一邊扭轉腹部的動作。徹底消滅腹部周圍的脂肪。

① 從棒式開始

四肢著地做準備，兩腳膝蓋離開地面並伸直，踮起腳尖。

20 秒

② 彎曲右腳膝蓋，扭轉腰部

彎曲右腳膝蓋，右邊臀部向下，扭轉腰部，這時膝蓋朝反方向推出。

③ 彎曲左腳膝蓋，扭轉腰部

回到棒式，另一側也進行同樣動作。彎曲左膝，左邊臀部向下，扭轉腰部。有節奏地重複①～③動作。

重心不要放在腳上，手腕在肩膀的正下方。

next **20** 秒　休息 & 前往下一個動作

exercise twist kick

側腹集中 HIIT
扭轉踢腳（左）

和第5個動作相同，這次換左腳踢。上半身及下半身呈對角線扭轉，打造優美腰線。

20
秒

踢的時候上半身稍微前傾。

凹陷腹部，然後踢！

② 彎曲身體，踢左腳

左腳向斜前方踢，同時，雙手從右肩向下往左腰擺動，上半身及下半身呈對角線扭轉。

① 雙腳張開與腰同寬，重心放在右腳

雙腳張開站立與腰同寬，重心放在右腳，雙手在右肩前輕輕闔起。

next 20秒 休息 & 前往下一個動作

exercise spider
8

側腹集中 HIIT
蜘 蛛 式

最後一個動作是棒式加上兩腳動作的「蜘蛛
式」。這次左右交替進行,達到緊實效果。

20
秒

臉傾向彎曲的膝蓋側,
縮緊腹部

腳尖與腳跟平行

肩膀正下方為手腕

2 彎曲右腳膝蓋,
向肩膀靠近

彎曲右腳膝蓋。膝蓋轉向側
邊與地板平行,並將膝蓋向
肩膀靠近。

1 從棒式開始

四肢著地做準備,兩腳膝蓋離
開地面並伸直,踮起腳尖。

臉傾向彎曲的膝蓋側，
縮緊腹部

③ 彎曲左腳膝蓋，向
肩膀靠近

回到棒式姿勢，另一邊也進行同樣動
作。彎曲左腳膝蓋，膝蓋轉向側邊與地
板平行，並將膝蓋向肩膀靠近。有節奏
地重複①～③動作。

finish!

Column.5

「我最看重的事——取得平衡」

　　我呢，本來是超級完美主義者，因此太過努力減肥而導致攝食障礙。

　　什麼都不顧一切往前衝的我，現在最看重的事是「取得平衡」。無論是飲食、運動，工作，面對什麼事都希望能達到平衡。

　　每件事都是一體兩面。有好也有壞。事實上，取得平衡或許是最困難的事。

　　在我的運動影片下方常有人會問「那個方法最有效？」「那個能瘦最多？」等等這些像以前的我會問的問題非常地多。但最好的方法就是持之以恆。即使短時間就成功，但如果無法維持，就會回到原狀。反覆減肥的話更會變成不容易瘦的體質。

　　如果進行不當的減肥，雖然順利時會覺得很開心，但是當不順時就會失去信心，身體的平衡也會崩解。我呢，想和朋友開心吃好吃的鬆餅。所以什麼事都盡量不要做得過頭，特別注意均衡的飲食、運動，不要過度工作、好好休息呢！

Chapter

6

部　位　上臂集中課程

HIIT

跟蝴蝶袖說掰掰！

部位　上臂集中課程  HIIT

在辦公桌前工作、長時間使用手機、駝背的人很少有使用到手臂的機會，導致上臂肌肉萎縮。

當在意蝴蝶袖和手臂變粗時，就有必要進行著重上臂的運動了。

這是能讓容易產生脂肪的上臂變緊實的課程。

運動的重點並不只是蝴蝶袖，也會鍛鍊肩膀周圍及背部的肌肉。

用HIIT讓脂肪燃燒、代謝提升的同時，從腋下開始緊實，打造健康的手部線條吧。

連續進行 HIIT 吧！

下半身強化課程有8個動作。進行HIIT時，連續做這8個動作×1回合。每個動作以20秒全力衝刺，結束之後，進行20秒內的休息並準備下一個動作。

start!

2 桌面式碰腳　20秒　休息20秒

1 桌面式伸展　20秒　休息20秒

finish!

8 伏地挺身

休息 **20**秒

20秒

7 臥推伏地挺身

20秒

休息 **20**秒

6 單腿撐體

20秒

5 單腿撐體（左）

20秒

休息 **20**秒

休息 **20**秒

1 回約 5 分鐘

到了後半段，
燃燒效果更強哦！

20秒

休息 **20**秒

3 桌面式扭轉碰地

20秒

4 單腿撐體（右）

exercise tabletop reach

上臂集中 HIIT

桌面式伸展

進行在基本脂肪燃燒課程學習的「桌面式伸展」。在身體後面運用手臂刺激肩膀及肩胛骨周圍。

enjoy!

HIIT

打造纖細手臂
上臂集中 HIIT 開始囉！

這個課程是著重於容易附著脂肪的上臂。從腋下開始緊緻，打造光采健康的手臂線條。

20 秒

stand by _準備動作

膝蓋彎曲坐在地上，雙手放在地上並張開，指尖朝向腳的方向。

20 秒運動
20 秒休息

這個上臂集中 HIIT 課程，1 回合約 5 分鐘，連續做這 8 個動作 ×1 回合。

來確認吧！
HIIT 的原則

全力運動

每個動作各為20秒，在這20秒之間，盡全力地運動。

大口吐氣

運動時往往會覺得因為用盡力氣而呼吸卡住，這時要有意識凹陷腹部，大口吐氣。

補充水分

20秒全力運動之後，在20秒內準備下一個動作。休息時及運動前後不要忘記補充水分。

① **抬起臀部**

肩膀正下方為手腕，臀部向上抬。

② 右手向天花板伸展

右手向天花板伸展,這時重
心不要放在腳上,腳跟保持
90度。

手部向天花板方
向,儘可能地伸展

腳跟保持90度

④ 左手向天花板伸展

這次換成左手向天花板伸展。有節奏地重複
①〜④的動作。

③ 右手回到地面

右手放到地上,並回到
②的姿勢。

 **next** 休息 & 前往下一個動作

stand by _準備動作

膝蓋彎曲坐在地上，雙手放在地上並
張開，指尖朝向腳的方向。

上臂集中 HIIT
桌面式碰腳

臀部抬起時單手往上舉，手去碰反側腳尖的動
作。目標是上臂的肌肉及讓心跳上升。

20 秒

臀部沒有高舉也OK。

肩膀正下方為手腕

② 抬起右腳，左手碰腳尖

左手向天花板方向延伸，同時右腳馬上往上
抬，讓左手觸右腳腳尖。

① 臀部稍微上抬

肩膀正下方為手腕，將臀部上
抬，沒有高舉也OK。

easy

無法碰到腳尖的話，可
以彎曲膝蓋，並用手碰
膝蓋。

 抬起左腳，右手碰腳尖

另一邊也進行同樣動作，右手向天花板方向延伸，
同時左腳馬上往上抬，讓右手碰觸左腳腳尖。有節
奏地重複①～④動作。

 腳放下，左手回到地板

腳放下，左手放地上，
回到①的動作。

next 20秒 休息 & 前往下一個動作

stand by _準備動作

膝蓋彎曲坐在地上，雙手放在地上
並張開，指尖朝向腳的方向。

exercise tabletop twist touch

3

上臂集中 HIIT
桌面式扭轉碰地

從「桌面式」開始，凹陷腹部，扭轉碰地。左右
交替進行讓心跳上升。

20 秒

 臀部稍微上抬

肩膀正下方為手腕，將臀部
上抬。

肩膀正下方為手腕

 舉起右手，
上半身向左邊扭轉

右手離開地面，向左側伸展，
上半身跟著扭轉。右邊的臀部
抬起也隨著扭動，右手碰地。

右手回到地面

伸展的右手臂隨著原本的路徑回到
右邊，返回②的動作。

 舉起左手，
上半身向右邊扭轉

左手離開地面，向右側伸展，上半
身跟著向右扭轉。左邊的臀部抬起
也隨著扭動，右手碰地。重複①～
④動作。

凹陷腹部，扭轉！

重心不要放在腳
上，腳跟維持90
度。

 next 20秒 休息 & 前往下一個動作

上臂集中 HIIT
單腿撐體（右）

「撐體」是指兩手放在地上，手肘彎曲、伸展的訓練。具有緊緻上臂及手臂肌肉的效果。

stand by _準備動作

膝蓋彎曲坐在地上，雙手放在地上並張開，指尖朝向腳的方向。

20秒

縮緊腋下、打開胸部，彎曲手肘

肩膀正下方是手腕

2 維持右腳上抬，彎曲手肘

維持右腳上抬，重心移動到手腕，彎曲手肘然後伸直。有節奏地重複 1、2 動作。

1 臀部稍微上抬

肩膀的正下方是手腕，臀部上抬，伸直右腳，臀部無法高舉也OK。

easy

臀部放在地上進行。重心移動到手腕，彎曲手肘

←

next 休息 & 前往下一個動作

stand by _準備動作

膝蓋彎曲坐在地上，雙手放在地上並張開，指尖朝向腳的方向。

exercise single leg dips

上臂集中 HIIT
單腿撐體（左）

和第4個動作相同，這次換成在左腳上舉時彎曲手肘。讓令人在意的鬆垮蝴蝶袖漸漸變緊實吧！

20秒

縮緊腋下、打開胸部，彎曲手肘

肩膀正下方是手腕

② 維持左腳上抬，
彎曲手肘

維持左腳上抬，重心移動到手腕，彎曲手肘然後伸直。有節奏地重複①、②動作。

① 臀部稍微上抬

肩膀的正下方是手腕，臀部上抬，伸直左腳，臀部無法高舉也OK。

easy

臀部放在地上進行。重心移動到手腕，彎曲手肘

←

next 20秒 休息 & 前往下一個動作

stand by _準備動作

膝蓋彎曲坐在地上，雙手放在地上
並張開，指尖朝向腳的方向。

exercise single leg dips

6

上臂集中 HIIT
單腿撐體

對於上臂、手臂具有緊實效果的「撐體」。和第
4、第5個動作相同，這次將右腳、左腳交互往
上抬。

20
秒

> 縮緊腋下、打開胸部，彎曲手肘

> 肩膀正下方是手腕

② **維持右腳上抬，彎曲手肘**

維持右腳上抬，重心移動到手腕，彎曲手肘然後
伸直。

① **臀部稍微上抬**

肩膀的正下方是手腕，臀部
上抬，伸直右腳，臀部無法
高舉也OK。

 維持左腳上抬，彎曲手肘

維持左腳上抬，重心移到手腕，彎曲手肘然後伸直。有節奏地重複 ❶～❹ 動作。

 右腳放下，伸直左腳

臀部維持上抬，放下右腳，這次換伸直左腳。

next 20秒 休息 & 前往下一個動作

exercise lying pushup

上臂集中 HIIT
臥推伏地挺身

目標是上臂肌肉並使心跳上升。利用放鬆肩胛骨四周的「眼鏡蛇式」進行伏地挺身。

NG

手的位置在肩膀的正下方、胸部側邊的地面上，然後挺起上身。

20秒

伸展手肘之後再慢慢彎曲

2 伸直手肘，抬起上身

雙手往地上推，伸展手肘抬起頭部、胸部。然後手肘慢慢彎曲回到 **1** 的姿勢，重複 **1**、**2** 動作。

1 臉朝下趴著，
兩手放在胸部兩側

臉朝下趴著，縮緊腋下，兩手放在胸部側邊地上。

next 20秒 休息 & 前往下一個動作

exercise pushup

上臂集中 HIT
伏地挺身

最後一個動作，再做一個伏地挺身。除了上臂，上半身也能達成緊實。

easy

以兩膝蓋著地的姿勢進行也 OK

20秒

注意！腰部不要翹起來

肩膀正下方為手腕

手肘慢慢彎曲，然後伸直

 手肘彎曲，
上半身向地面接近

手肘慢慢彎曲，上半身向地面接近，接著慢慢伸直手肘，回到 的姿勢，重複 、 動作。

 從棒式開始

四肢著地做準備，兩腳膝蓋離開地面並伸直，踮起腳尖。

finish!

Column .6

我很推薦進行「冥想」

所謂冥想，其實就是變成「無（集中）」的狀態。無論是坐著將眼睛閉起來，或是集中於工作也好，一頭鑽入運動的世界也行，總之就是讓頭腦不要鑽牛角尖。我呢，每天會在睡前進行5～10分鐘的冥想，這除了讓頭腦能夠休息，也使我總是能夠做出正確的選擇。

生在這個世界上，有著理所當然的常識、共通的原則。女生要有女生的樣，穿裙子、留長頭髮。在公司或組織裡，你被決定該是什麼樣子，在家裡、在學校可能也是如此。

但是每個人都是不同的。即使有同樣的意見，最後也不會是同一個樣子。你就是你，有時候或許你身邊的人或是環境將你的好遮住，也可能你隱藏了自己的情緒，壓抑自己。

冥想可以將這樣硬梆梆固定在外面的面具一層層剝開，讓本來的你變得強壯。

首先，將自己的雙手手掌合起來，讓左手掌的溫度傳到右手。感受自己的身體。雖然是自己，但卻會有不像自己的情緒產生，可以感覺另外一個自己溫暖對自己說著鼓勵的話，如果平常太過努力，這時應該會不自覺地流下眼淚喔！

chapter

7

最後加強 全身超燃脂課程

HIIT

燃燒全身多餘的脂肪

最後加強 **全身超燃脂課程 HIIT**

最後介紹的課程是對於擊退橘皮組織、甚至消除水腫都十分推薦的高階版HIIT，不過雖說是高階版，這裡的 8 個動作，都是從之前所做過的動作為基礎，將速度加快、動作變大，也就是負重變大的運動。

當身體習慣鍛鍊之後，可以在進行其他的課程之後，繼續接下來的這個課程，或是將這個課程進行 4 回合，共 20 分鐘的 HIIT。

燃燒全身多餘的脂肪，打造曼妙的體態吧！

連續進行 HIIT!

最後加強的全身超燃脂課程有8個動作。進行HIIT時，連續做這8個動作×1回合。每個動作以20秒全力衝刺，結束之後，進行20秒內的休息並準備下一個動作。

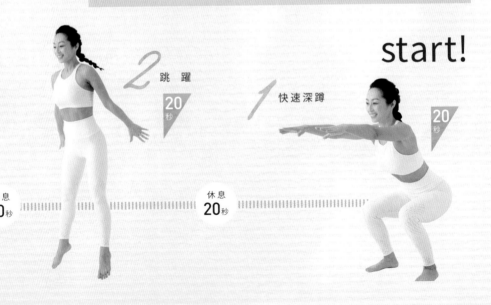

start!

2 跳躍
20秒

1 快速深蹲
20秒

休息 20秒

休息 20秒

8 開闔跳

休息 20秒

finish!

20秒

7 蜘蛛式

20秒

休息 20秒

6 棒式深蹲跳躍

20秒

5 登山訓練

20秒

休息 20秒

1回約5分鐘

到了後半段，
燃燒效果更強哦！

3 棒式深蹲

20秒

4 深蹲跳躍

休息 20秒

休息 20秒

exercise speedy squat

全身超燃脂 HIIT
快速深蹲

在基本脂肪燃燒課程中所學習到正確的「深蹲」姿勢，這裡將以快速的速度進行，達到最好的效果。

20
秒

① 站立，兩腿張開與腰同寬

---

enjoy!

HIIT

最後加強
全身超燃脂 HIIT 開始囉！

這個由8個動作組成的課程，旨在改善全身的循環。能讓脂肪漸漸燃燒，而且能有效對抗橘皮組織、水腫。

20 秒運動
20 秒休息

這個全身超燃脂課程，1 回合約 5 分鐘，連續做這 8 個動作 ×1 回合行。

來確認吧！
HIIT 的原則

全力運動

每個動作各為 20 秒，在這 20 秒之間，盡全力地運動。

大口吐氣

運動時往往會覺得因為用盡力氣而呼吸卡住，這時要有意識凹陷腹部，大口吐氣。

補充水分

20 秒全力運動之後，在 20 秒內準備下一個動作。休息時及運動前後不要忘記補充水分。

膝蓋彎曲時不要超過腳
尖，臀部像是坐在椅子一
般，腰部向下彎曲股關節

OK

NG

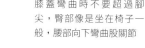

手臂向前伸，腰部向下

手臂向前伸直，同時臀部向後推出，彎曲股關
節，然後快速起身。重複、動作。

揮動手臂、快速、大幅
度的動作！

膝蓋不要超出腳尖

next **20**秒 休息&前往下一個動作

NG　　OK

膝蓋彎曲著地。著地時膝蓋不要伸直。

exercise jump

全身超燃脂 HIIT

跳　躍

進行基本脂肪燃燒課程中所學習到正確的「跳躍」姿勢，手大力地往後揮，開心地燃燒脂肪吧！

20
秒

手盡可能地擺動！

② **雙手大力揮動、跳起來！**

雙手向後大力揮動跳起來，膝蓋彎曲以①的姿勢著地。重複①、②動作。

① **雙腳與肩同寬，腰部向下**

雙腳與腰同寬站立。雙手彎曲手肘，向前伸出，腰部向下。

next 20秒 休息&前往下一個動作

exercise plank squat

3

全身超燃脂 HIIT
棒式深蹲

繼續進行在基本的脂肪燃燒課程中學到的「棒式」及「深蹲」。提高心跳數吧！

 ### 從棒式開始

四肢著地做準備，兩腳膝蓋離開地面並伸直，墊起腳尖。

20秒

 ### 雙腳依序往手的側邊移動

膝蓋維持彎曲，只有上身抬起來

膝蓋維持彎曲，只有上身抬起來。同時兩手在胸前輕輕闔起。重複 ① 〜 ③ 動作。

next **20**秒　休息＆前往下一個動作

全身超燃脂 HIIT
深蹲跳躍

第 4 個動作是「深蹲」和「跳躍」的結合，深蹲的時候，重點在臀部要蹲兩次。

20秒

1 雙腳與腰同寬，腰部向下

雙腳站立與腰同寬，兩手於胸前輕輕靨起，臀部向後推出，彎曲股關節。

2 臀部蹲兩次

膝蓋維持彎曲，臀部上下來回蹲兩次

↔

膝蓋不要超過腳尖

3 雙手大力揮動，跳起來！

雙手向後大力揮動跳起來，膝蓋彎曲以 1 的姿勢著地。有節奏地重複 1 ～ 3 動作。

NG

著地的時候，膝蓋不要伸直

next 20秒 休息&前往下一個動作

exercise mountain climber

5

全身超燃脂 HIIT
登山訓練

從棒式開始,雙腳依序向胸部靠近的動作。身體盡量
保持不動,只有腳部動作,讓脂肪漸漸燃燒。

20
秒

 從棒式開始

四肢著地做準備,兩腳膝蓋
離開地面並伸直,墊起腳
尖。

② 右膝向右手肘靠近

背部成圓弧型,右膝向右手
肘靠近。為了不讓腹部扭
轉,注意重心不要向後移
動。

③ 左膝向左手肘靠近

回到棒式,另一側也進行同
樣動作。背部呈圓弧型,左
膝向左手肘靠近。為了不讓
腹部扭轉,注意重心不要向
後移動。重複①～③動作,
膝蓋左右交錯碰觸手肘。

身體不動,只動腳!

 **next** 20秒　休息&前往下一個動作

exercise plank squat jump

6

全身超燃脂 HIIT
棒式深蹲跳躍

第3個動作「棒式深蹲」加上「跳躍」。不要慌張,將每個姿勢正確進行吧!

20 秒

腳尖與腳跟平行

肩膀正下方為手腕

② 雙腳依序
向手的側邊移動

一腳接著一腳,向手的側邊移動。

① 從棒式開始

四肢著地做準備,兩腳膝蓋離開地面並伸直,墊起腳尖。

盡情揮動雙手！

膝蓋不要超過腳尖

 雙手大力揮動、
跳起來！

雙手向後大力揮動跳起來，膝蓋彎曲以❸的
姿勢著地。有節奏地重複❶～❹動作。

 膝蓋維持彎曲，
只有上身抬起來

膝蓋維持彎曲，只有上身抬起
來。同時兩手在胸前輕輕闔起。

 next 20秒 休息＆前往下一個動作

exercise spider

全身超燃脂 HIIT
蜘蛛式

第**7**個動作是在棒式加上兩腳動作的「蜘蛛式」。左右交替進行，徹底整頓全身。

20
秒

臉傾向彎曲的膝蓋側，縮緊腹部。

腳尖與腳跟平行

肩膀正下方為手腕

2 彎曲右腳膝蓋，
向肩膀靠近

彎曲右腳膝蓋。膝蓋轉向側邊與地板平行，並將膝蓋向肩膀靠近。

1 從棒式開始

四肢著地做準備，兩腳膝蓋離開地面並伸直，墊起腳尖。

臉傾向彎曲的膝蓋側，縮緊腹部

③ 彎曲左腳膝蓋，
向肩膀靠近

回到棒式姿勢，另一邊也進行同樣動
作。彎曲左腳膝蓋，膝蓋轉向側邊與地
板平行，並將膝蓋向肩膀靠近。重複①
～③ 動作，膝蓋左右交替靠近肩膀。

next 20秒　休息 & 前往下一個動作

exercise open&close jump

8

全身超燃脂 HIIT
開合跳

來到最後一個動作囉！雙腳開闔的「跳躍」動作，讓心跳上升到最大值，完成全身運動。

20秒

雙腳盡量張開，避免內八。

 雙腳盡量張開，腰部向下

雙腳張開站立比腰寬。雙手彎曲手肘，向前伸出，腰部向下。

雙手大力揮動、
跳起來！

雙手向後大力揮動跳起來！向上
跳的時候，兩腳收起。膝蓋彎
曲、雙腳張開以 的姿勢著地。
重複 、 動作。

盡情揮動雙手！

臀部向後推出然
後著地

finish!

辛苦囉！你做得很好喔！

大家，你們做得很好喔！

流了很多汗，心情很棒吧！

能和大家一起進行HIIT

我也非常高興呢！

讓我變得這麼棒的HIIT

也讓大家閃閃發光。

然後，我相信你們的周圍也變得不一樣吧。

從體內獲得的穩定自信，將讓你變得沈穩且美麗。

能夠自然的微笑、全身感到溫暖、

瞳孔炯炯有神，這些都是你自己做到的喔！

你漸漸地變美

讓你的獨特之處散發光芒吧！

● 作者

門脇妃斗未　Hitomi Kadowaki

1981年生，曾於Gold Gym擔任教練，現則為個人
教練。現在於東京‧神田的私人健身房ArCHON
授課，也會在Instagram、YouTube、Yahoo!上傳
運動影片。影片中出現的虎斑貓GO醬（17歲）也
非常受歡迎。

● Instagram：@hiitmefit
● YouTube 頻道：「HIIT ME FIT」

HIIT 後燃運動：鍛鍊 5 分鐘，24 小時持續燒脂，瘦身不中斷

作　　者 / 門脇妃斗未 (Hitomi KADOWAKI)
編輯·文字協力 / 永瀬美佳 (Lush!)
妝　　髮 / 末光陽子
服裝協力 / KIT STORE(https://www.kitstore.jp/)

主　　編 / 蔡月薰
企　　劃 / 倪瑞廷
譯　　者 / 張景威
美術設計 / 楊雅屏
內頁編排 / 螺絲釘

第五編輯部總監 / 梁芳春
董事長 / 趙政岷
出版者 / 時報文化出版企業股份有限公司
108019 台北市和平西路三段 240 號 7 樓
發行專線 / (02) 2306-6842
讀者服務專線 / 0800-231-705、(02) 2304-7103
讀者服務傳真 / (02) 2304-6858
郵撥 / 1934-4724 時報文化出版公司
信箱 / 10899 台北華江橋郵局第 99 信箱
時報悅讀網 / www.readingtimes.com.tw
電子郵件信箱 / books@readingtimes.com.tw
法律顧問 / 理律法律事務所 陳長文律師、李念祖律師
印 刷 / 和楹印刷有限公司
初版一刷 / 2020 年 08 月 14 日
定　　價 / 新臺幣 360 元

時報文化出版公司成立於一九七五年，並於一九九九年股票上櫃公開發行，
於二〇〇八年脫離中時集團非屬旺中，以「尊重智慧與創意的文化事業」為信念。

HIIT 後燃運動：鍛鍊 5 分鐘，24 小時持續燒脂，瘦身不中斷
/ 門脇妃斗未作 .-- 初版 .-- 臺北市：時報文化，
2020.08
　面；　公分
ISBN 978-957-13-8276-0(平裝)
1. 減重 2. 塑身 3. 健身運動
425.2　　　　　　　　　　　　109009096

NENSHOKEI HIIT DIET
Copyright © 2019 by Hitomi KADOWAKI
All rights reserved.
Photographs by Tadashi YAMAKAMI
Book design by Misato KAKINUMA
Original Japanese edition published by PHP Institute, Inc.
Traditional Chinese edition published by arrangement with PHP Institute, Inc.,
Tokyo in care of Japan UNI Agency, Inc.Tokyo.